BEI GRIN MACHT SICH IHR WISSEN BEZAHLT

Andreas Kochanowski

Kompartimente des Wasserhaushaltes: Pedosphäre, Grundwasser, Vorfluter

GRIN Verlag

Bibliografische Information der Deutschen Nationalbibliothek:

Die Deutsche Bibliothek verzeichnet diese Publikation in der Deutschen National-
bibliografie; detaillierte bibliografische Daten sind im Internet über http://dnb.d-
nb.de/ abrufbar.

Impressum:

Copyright © 2003 GRIN Verlag GmbH
Druck und Bindung: Books on Demand GmbH, Norderstedt Germany
ISBN: 978-3-640-82718-3

Dieses Buch bei GRIN:

http://www.grin.com/de/e-book/41644/kompartimente-des-wasserhaushaltes-
pedosphaere-grundwasser-vorfluter

GRIN - Your knowledge has value

Der GRIN Verlag publiziert seit 1998 wissenschaftliche Arbeiten von Studenten, Hochschullehrern und anderen Akademikern als eBook und gedrucktes Buch. Die Verlagswebsite www.grin.com ist die ideale Plattform zur Veröffentlichung von Hausarbeiten, Abschlussarbeiten, wissenschaftlichen Aufsätzen, Dissertationen und Fachbüchern.

Besuchen Sie uns im Internet:

http://www.grin.com/

http://www.facebook.com/grincom

http://www.twitter.com/grin_com

Wintersemester 2002/ 2003

Seminararbeit zum Proseminar II „Physische Geografie"

Thema:

Kompartimente des Wasserhaushaltes - Pedosphäre, Grundwasser, Vorfluter

vorgelegt von:
Andreas Kochanowski

Abgabedatum:
28.01.03

Inhalt

1 Einleitung

Die folgende Hausarbeit soll das Verhalten des Wassers in der Pedosphäre vom Eintritt bis zum Austritt am Vorfluter darstellen. Dieser wichtige Teil des Wasserkreislaufes beinhaltet die Bewegung des Wassers im Boden und ein Schwerpunkt liegt auf der Dynamik des Grundwassers. Weiterhin sollen die Ursachen für die Wasserbewegung im Boden geklärt werden und der Einfluss der Böden als Wasserspeicher, Wasserleiter und des k-Wertes.

Bei der hydrologischen Betrachtung des Erdreiches, wird dieses in die Wasser gesättigte und die Wasser ungesättigte Zone unterteil. Wie der Name es vermuten lässt, ist der Boden in der Aertionszone oder der *ungesättigten Zone* nicht vollständig vom Wasser gesättigt, sondern die Bodenmatrix ist auch mit Luft gefüllt. Erst in der *gesättigten Zone* oder Saturationszone ist der komplette Hohlraumanteil vollständig mit Wasser gefüllt bzw. gesättigt. In diesem Fall wird von Grundwasser gesprochen. Die Grundwasseroberfläche bildet die Grenze zwischen den beiden Zonen (JORDAN, H. & H.-J. WEDER 1995:30).

Abb.1 Unterirdisches Wasser im Grundwasserleiter   (JORDAN, H. & H.-J. WEDER 1995:30)

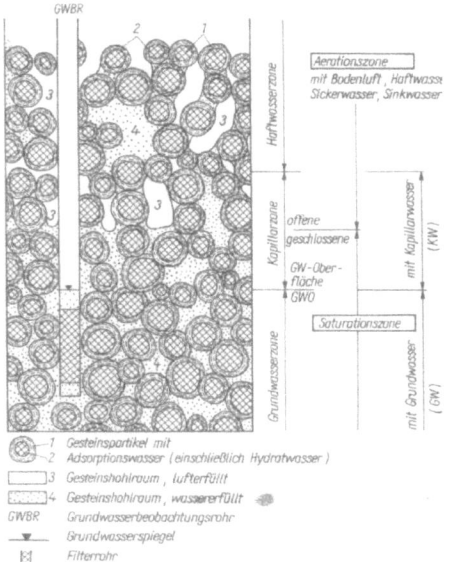

2 Arten des unterirdischen Wassers

Nach einem Niederschlagereignis oder bei beginnender Schneeschmelze, tritt Wasser mit dem Boden in Kontakt oder wird von der Vegetation gespeichert.   Ein Teil fällt der Evapotranspiration zum Opfer und ein anderer Teil fließt direkt oberirdisch in den nächsten

Vorfluter (Bach,See,Fluss oder Meer) ab. Der andere, wichtige Teil dringt in den Boden durch Versickerung ein (STRAHLER, A. & A. STRAHLER 1999:203).
Dieser Prozess wird Infiltration genannt und danach unterliegt das Wasser unterschiedlichen Kräften und tritt in verschiedenen Formen auf. Das Sicker- oder Gravitationswasser unterliegt der Schwer- und Kapillarkraft und versickert durch weite (große) Poren im Boden und bildet beim Erreichen der Grundwasseroberfläche Grundwasser (MARCINEK, J. & E. ROSENKRANZ 1996:238).
Jedoch versickert nicht das gesamte Wasser und ein Teil wird gespeichert bzw. gebunden. Die Bodenbestandteile werden durch das Wasser benetzt und umso feiner die Bodenbestandteile sind umso größer ist die spezifische Oberfläche und desto stärker ist die Benetzung. Das Wasser wird durch die Adsorptionskraft an das Bodenteilchen gebunden (KUNTZE, H., ROESCHMANN, G. & G. SCHWERDTFEGER 1988:223). Dieses Haft- oder Adhäsionswasser bildet einen dünnen Wasserfilm an den Gesteinskörpern durch Molekularkräfte des Wassers (Dipolcharakter) und wird auch Häutchenwasser genannt (MARCINEK, J. & E. ROSENKRANZ 1996:239). Wenn sich zwei Bodenteilchen die mit Häutchenwasser benetzt sind „berühren", überlagert sich der Kontaktbereich der Wasserfilme zu Porenwinkel- oder Manschettenwasser. Kommt noch mehr Wasser dazu, wird das Wasser durch die Kapillarkraft an den Wasserfilm gebunden und es wird Kapillar- oder Porensaugwasser genannt (KUNTZE, H., ROESCHMANN, G. & G. SCHWERDTFEGER 1988:224).

Abb.2 Bindungsformen des Bodenwassers (Haftwasser) (KUNTZE, H., ROESCHMANN, G. & G. SCHWERDTFEGER 1988:225)

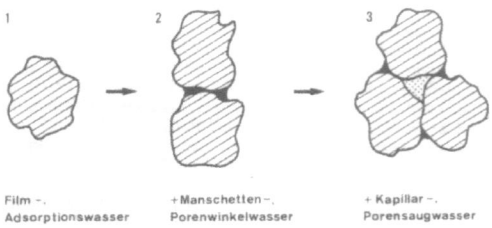

Film -.   +Manschetten-.   + Kapillar -.
Adsorptionswasser   Porenwinkelwasser   Porensaugwasser

Mit steigendem Wasserangebot wächst der Wasserfilm am Bodenteilchen, doch kann er nicht mehr als 20 Molekülschichten überschreiten. Am stärksten sind die Adsorptionskräfte in unmittelbarer Nähe der Mineraloberfläche und nimmt mit zunehmender Entfernung von dieser ab. An der Oberfläche der Wasserfilme entsteht durch die Kräfte zwischen den Wassermolekülen die so genannte Oberflächenspannung (DYCK, S. & G. PESCHKE 1995:311).
Das Bodenwasser wird daher in 3 Arten unterschieden: das *Gravitationswasser* welches der Schwerkraft unterliegt und aus der ungesättigten Zone durch weite Poren bis zur Grundwasseroberfläche versickert und das *Adsorptionswasser* was in Form von Wasserfilmen

an der Oberfläche der Teilchen sehr stark gebunden ist. Die letzte Form des Bodenwassers ist das *Kapillarwasser,* welches in nicht zu großen Poren durch Kapillarkräfte gehalten wird. Jedoch ist die Trennung von den letzten beiden Typen auf Grund der ineinander übergehenden Kräfte schwierig (DYCK, S. & G. PESCHKE 1995:312).

3 Bodenwasserbewegung in der ungesättigten Zone und Einflussfaktoren

3.1 Porengröße

Die Wasserbewegung im Boden kann nur in den Hohlräumen zwischen den Körnern statt finden. Dieser Raum wird auch Porenraum genannt und je unregelmäßiger die Oberflächen der Körner ist, desto sperriger wird die Lagerund und desto größer ist auch das Porenvolumen im Boden (HÖLTING, B. 1980:70).

Die Poren werden in 3 unterschiedliche Größen eingeteilt und besitzen auch eine unterschiedliche Charakteristik im Bezug auf die Leitfähigkeit von Wasser. In den *groben Poren* (> 10µm)versickert das Wasser schnell und wird schnell weitergeleitet und es findet kaum eine Wasserspeicherung statt. In den *mittleren Poren* (0,2µm bis 10µm) wird das Wasser in pflanzenverfügbarer Form gegen die Schwerkraft gespeichert. Dies ist in den *feinen Poren* (<0,2µm) nicht mehr der Fall, denn das Wasser kann hier von Pflanzen nicht mehr entzogen werden, da die Bindung des Wassers an die Bodenbestandteile durch die Adsorptionskraft zu stark ist. Dieser Punkt wird auch als *permanenter Welkepunkt* (PWP) bezeichnet, da die Pflanzen welken würden, weil sie dieses Wasser nicht nutzen können (BAUMGARTNER, A. & H.-J. LIEBSCHER 1990:381).

In den Fein – und Mittelporen wird Wasser gegen die Schwerkraft zurück gehalten. Dieser Volumenanteil der Poren wird als *Feldkapazität* (FK)bezeichnet (PAREY, P. 1993:135). Die Feldkapazität beschreibt den Wasseranteil im gesättigten Boden der gegen die Schwerkraft zurück gehalten wird und drückt somit die Speicherkapazität des Bodens aus (STRAHLER, A. & A. STRAHLER 1999:204). Wichtiger für die Pflanzen ist jedoch, die *nutzbare Feldkapazität.* Denn sie beschreibt den Anteil des Wasser, der nicht so stark durch Adsorptions- oder Kapillarkräfte gebunden ist und damit für die Pflanzen verfügbar ist (KUNTZE, H., ROESCHMANN, G. & G. SCHWERDTFEGER 1988:234). Die Korngröße und damit das Porenvolumen im Boden bilden somit einen wichtigen Einfluss bei Wasserspeicherung bzw. bei der Leitung von Wasser. Böden mit einem höheren Anteil von kleineren Korngrößen haben eine hohe Porosität und können daher mehr Wasser speichern als ein sandiger Boden mit seinen großen Korngrößen und groben Poren. Dieser leitet dafür das Wasser schneller in die tieferen Schichten bis zum Grundwasser (DYCK, S. & G. PESCHKE 1995:309 f.).

Abb.3 Charakteristische Verteilungen von Porengrößen, nach [10], in % (DYCK, S. & G. PESCHKE 1995:309)

Kornfraktion	Weite Grobporen (> 50 µm)	Enge Grobporen (10...50 µm)	Mittelporen (0,2...10 µm)	Feinporen (< 0,2 µm)
Sand	10...20	20...40	3...12	2...8
Lehm	0...5	0...20	3...16	5...20
Schluff	0...10	5...25	7...20	5...20
Ton	0...5	3...20	5...15	25...45
Organischer Boden	7...30	20...30	25...50	15...25

Versickerung von Wasser in tiefere Schichten kann nur stattfinden, wenn der Wassergehalt des Bodens die Feldkapazität überschreitet, d.h. das auch die Grobporen teilweise oder ganz mit Wasser gefüllt sind (BAUMGARTNER, A. & H.-J. LIEBSCHER 1990:373).

3.2 Potentiale

Allgemein ist das Potential „definiert als die Arbeit, die notwendig ist, um eine Einheitsmenge (Volumen, Masse oder Gewicht) Wasser von einem gegebenen Punkt eines Kraftfeldes zu einem Bezugspunkt zu transportieren" (SCHACHTSCHABEL, P. ET AL. 1989:174). Die Bewegung des Wassers richtet sich immer von dem höheren Potential, d.h. höherer potentieller Energie zu denen des niedrigeren Potentials. Dieser (Arbeits-)Vorgang geht so lange bis sich ein Gleichgewicht eingerichtet hat. Die Wasserbewegung im Boden hält so lange an „bis sich das Gesamtpotential an allen Stellen des Boden den gleichen Wert aufweist" (SCHACHTSCHABEL, P. ET AL. 1989:174). Mit dem Konzept der Potentiale kann die Wasserbindung und Wasserbewegung im Boden beschrieben werden. Das *hydraulische Potential* Ψ_H ist die Summe aus den (messbaren) Teilpotentialen und annähernd das Gesamtpotential und mit ihm wird die Bodenwasserbewegung beschrieben (PLAGGE, R. 1991:6). Daraus ergibt sich folgende Gleichung:

$$\Psi_H = \Psi_Z + \Psi_M$$

(SCHACHTSCHABEL, P. ET AL. 1989:175)

Das Wasser im Boden unterliegt unterschiedlichen Kräften wie z.B. der Erdanziehungskraft oder der Gravitation. Die Kraft, die sich gegen die Erdanziehung richtet, wird durch das Gravitationspotential Ψ_Z beschreiben. „Das *Gravitationspotential* (...) entspricht der zu leistenden Arbeit, um eine bestimmte Menge Wasser (ausgedrückt in Masse-, Volumen- oder Gewichtseinheiten) von einem Bezugsniveau auf eine bestimmte Höhe anzuheben" (SCHACHTSCHABEL, P. ET AL. 1989:175).

Das *Matrixpotential* Ψ_M oder Kapillarpotential entspricht der „Bindungsstärke einer Bezugsmenge Wasser an die Bodenmatrix" (SCHÖNINGER, M. & J. DIETRICH 2001:o.s.). Das Matrixpotential gibt die Arbeit an, die aufgewendet werden muss, „um eine gegebene Wassermenge dem Boden zu entziehen" (PLAGGE, R. 1991:6). Allgemein kann gesagt werden,

5

dass je weniger Wasser der Boden besitzt, desto stärker wird es durch die matrixbedingten Kräfte festgehalten und desto schwerer ist es das Wasser dem Boden zu entziehen. Wenn das Matrixpotential und damit die Wasserspannung im Boden sinkt, steigt im Gegenzug die Saugspannung (SCHACHTSCHABEL, P. ET AL. 1989:175).

Besteht ein Gleichgewicht zwischen beiden Potentialen, findet keine Wasserbewegung im Boden statt. Da es jedoch ständig zu einer Wasserzufuhr (Niederschlag) oder einem Wasserentzug (Verdunstung) kommt, stellt sich nie ein Gleichgewicht ein. Bei Niederschlag steigt das Matrixpotential zuerst im oberen Bereich des Bodens an (Benetzung der Bodenpartikel mit Wasser)und dann im ganzen Boden. Daher kommt es zu einer Abwärtsbewegung des Wasser, nach dem die Feldkapazität überwunden wurde. Der umgekehrte Fall, dass das Matrixpotential z.B. durch Verdunstung sinkt, führt zu einer Wasserbewegung die nach oben gerichtet ist (SCHACHTSCHABEL, P. ET AL.1989:177). Eine genauere Erläuterung folgt im nächsten Kapitel.

3.3 Kapillarer Aufstieg

Der kapillare Aufstieg ist der umgekehrte Prozess der Infiltration und die Wasserbewegung, gespeist durch Grund oder Stauwasser, findet von unten nach oben statt. Ursache ist, dass das Matrixpotential oberhalb der Grundwasseroberfläche niedriger ist, als das Gleichgewicht mit dem freien Wasserspiegel z.B. Grundwasser oder Stauwasser. Verdunstet Wasser an der Bodenoberfläche oder wird durch Pflanzen und deren Wurzeln dem Boden entzogen, steigt die Saugspannung. Daher kommt es zum kapillaren Aufstieg, der jedoch von Bodenart und Porenvolumen unterschiedlich stark ausfällt (siehe Abb.4). Denn in Grobporen steigt das Wasser zwar schnell an, jedoch nicht über eine bestimmte Höhe. In mittleren Poren kann das Wasser höher geleitet werden, jedoch beansprucht es hier mehr Zeit (SCHACHTSCHABEL, P. ET AL.1989:187).

Abb.4 Größenordnung kapillarer Steighöhen (nach Kittner, Starke und Wissel 1967) (MARCINEK, J. & E. ROSENKRANZ 1996:239)

Bodenart	Steighöhe (cm)
Kies	<3
Mittelsand	20– 40
Feinsand	40– 80
Lehm, Löß	100–400
Ton	>400

3.4 Bodenwassercharakteristik (pf-Kurve)

Diese Beziehung zwischen der Saugspannung und der Sättigung einer Bodens wird in der Wasserretentionskurve oder pf-Kurve dargestellt. In der pf-Kurve ist die Saugspannung oder das Matrixpotential in Abhängigkeit vom Bodenwassergehalt dargestellt (DYCK, S. & G. PESCHKE 1995:316 f.). Die pf-Kurve oder Bodencharakteristikkurve zeigt die Charakteristik der verschiedenen Böden, denn für jeden Bodentyp gibt es einen charakteristischen Verlauf der pf-Kurve (BAUMGARTNER, A.& H.-J. LIEBSCHER 1990:403).

Die Beziehung zwischen der Wasserspannung und dem Wassergehalt ist von dem Porenvolumen und der Porengrößenverteilung abhängig und von Boden zu Boden unterschiedlich. Mit der pf- Kurve können Rückschlüsse auf den Wasserhaushalt eines Bodens (Speichereigenschaft, Entwässerungsgeschwindigkeit und Wasserleitung/verfügbarkeit für Pflanzen) gemacht werden. Am Beispiel vom Sandboden zeigt die pf-Kurve, dass bei einem Wasserentzug sich die Wasserspannung nur geringfügig ändert und so ein weiterer Wasserentzug nicht verhindert wird und der Wassergehalt schnell abnimmt. Ursache dafür ist der hohe Grobporenanteil im Sandboden und dies zeigt sich im flachen Verlauf der Kurve im Bereich der Grobporen (SCHACHTSCHABEL, P. ET AL. 1989:178 f.).

Abb.5 Wasser in der Aerationszone (JORDAN, H. & H.-J. WEDER 1995:33)

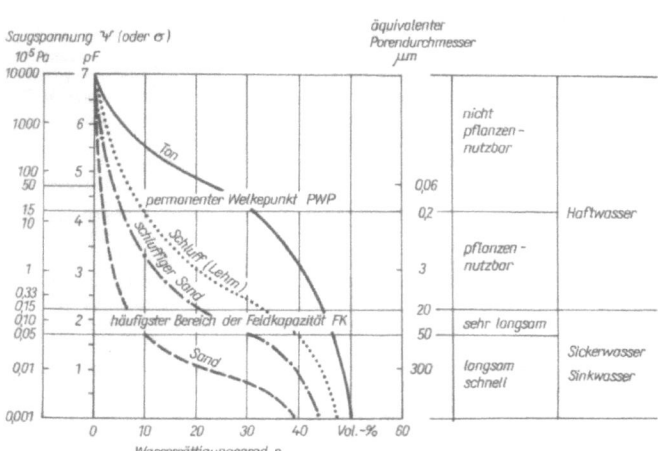

Außer bei Sandböden kann allgemein gesagt werden, dass der größte Teil des gespeicherten Wassers bei nicht ausreichendem oder fehlendem Nachschub (Niederschlag) nicht versickert, sondern als Feldkapazität gegen die Schwerkraft im Boden gespeichert wird oder verdunstet. Bei Wasserinfiltration durch Niederschläge oder Schneeschmelze, erhöht sich die Sättigung des Bodens und damit nimmt auch die Leitfähigkeit zu und es kommt zu einer nach unten gerichteten Sickerwasserbewegung (BAUMGARTNER, A.& H.-J. LIEBSCHER 1990:403).

„Die absoluten Sickerwassermengen, die bis in das Grundwasser gelangen, sind sehr unterschiedlich je nach Klima- und Bodenbedingungen sowie Vegetation (...)" (HARTGE, K.-H. & R. HORN 1999:167).

4 Bodenwasserhaushalt

Der Boden dient als eine Art von Speicher für das Wasser, jedoch unterliegt dieser Speicher gewissen Schwankungen. Es kommt zur Auffüllung des Speichers durch Niederschläge oder Schneeschmelze in Form der Infiltration. Wasserentzug entsteht beispielsweise durch Verdunstung oder Wasseraufnahme durch Pflanzen. Diese Schwankungen unterliegen einem jahreszeitlichen Gang. Für ein feuchtes Klima in den Mittelbreiten kann allgemein gesagt werden, dass der Niederschlag über das gesamte Jahr relativ gleich bleibt. Allerdings ändert sich der Wasserbedarf von gering im Winter zu Sommer sehr hoch. Durch die hohen Abflüsse im Winter herrscht ein Wasserüberschuss, doch ab Mai mit Beginn der Vegetationsperiode kommt es zu einem Wasserentzug aus der Bodenwasserzone durch Pflanzen. Über den Sommer bis in den September kommt es zu einer Speichernutzung des Bodens wobei mit fortschreiten des Jahres immer mehr auch das Grundwasser „angezapft" wird. Erst im Herbst kommt es zu einer Erneuerung des Bodenwassers, denn im Oktober übersteigt der Niederschlag wieder den Wasserbedarf (STRAHLER, A. & A. STRAHLER 1999:207). Verdeutlicht wird dies in der Abbildung 6.

Abb.6 Jahresgang eines vereinfachten Bodenwasserhaushalts in einem humiden Klima der mittleren Breiten (STRAHLER, A. & A. STRAHLER 1999:207)

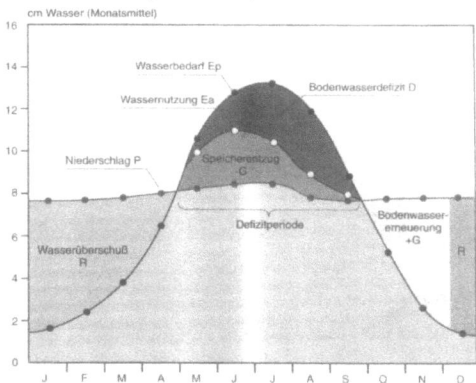

Das Wasser im Boden oder die Bodenfeuchte ist eine instabile Größe, die vom Wetterzustand und dem Klima abhängig ist. Somit kommt es zu saisonbedingte Wasserhaushaltsänderung, die sich im Nässe bzw. dem Austrocknungsgrad der Böden und dem Steigen und Fallen des Grundwasserspiegels zeigen. Der Wasserhaushalt und seine Vorratsänderung (ΔW) können in der Wasserhaushaltgleichung für einen vegetationsbedeckten Standort dargestellt werden:

$$\Delta W = P - I - T - R_o - R_{on} - R_s$$

Einfluss auf den Bodenwasserhaushalt hat der *Niederschlag* (**P**) bevor er die Pflanzendecke erreicht, die *Interzeption* (**I**), (Wasser was die Pflanzen benetzt und von der

Pflanzenoberfläche verdunstet) die *Evaporation* (**E**), (Verdunstung von der Bodenoberfläche ggfs. nach kapillarem Aufstieg im Boden) die *Transpiration* (**T**) (Verdunstung von Wasser durch Pflanzen) und der *Oberflächenablfuss* (**R$_o$**), der *oberflächennahen Abfluss* (**R$_{on}$**) und schließlich die *vertikale Versickerung* (**R$_s$**) (BAUMGARTNER, A.& H.-J. LIEBSCHER 1990:396 f.).

5 Grundwasser

Das Grundwasser wird nach der DIN 4049 als „Unterirdisches Wasser, das die Hohlräume der Erdrinde zusammenhängend ausfüllt und dessen Bewegung ausschließlich oder nahezu ausschließlich von der Schwerkraft und den durch die Bewegung selbst ausgelösten Reibungskräften bestimmt wird." definiert (JORDAN, H. & H.-J. WEDER 1995:31).

Die Grundwasserzone schließt sich direkt der ungesättigten Zone an und wird auch als gesättigte Zone bezeichnet. In der gesättigten Zone, wird nach den verschiedenen Vorkommen das Grundwasser unterschieden. Es wird in juveniles und fossiles Wasser unterteilt, wobei das juvenile Wasser von flüssigen Gesteinsschmelzen bei der magmatischen Differentiationen abgegeben wird, aufsteigt und somit am Wasserkreislauf teilnimmt. Das fossile Wasser dagegen nimmt an dem aktuellen Wasserkreislauf nicht direkt teil und ist von wasserundurchlässigem Gestein umgeben. Diese Art von Grundwasser findet man häufig in ariden Gebieten und bewegt sich, wenn überhaupt äußerst langsam und in geologischen Zeiträumen. Eine weiter Form ist das konnate Wasser, welches bei der Sedimentierung in den Poren eingeschlossen wurde. Dieses Wasser reagiert mit den Sedimentpartikeln und ist an bestimmte Schichten gebunden und wird auch als Formationswasser bezeichnet(BAUMGARTNER, A.& H.-J. LIEBSCHER 1990:408 f.).

5.1 Grundwasserleiter bzw. Grundwasserstauer

Die Eigenschaften von Böden sind Wasser zu speichern und Wasser zu leiten. Daher werden Gesteine mit einem großen Porenvolumen und Porosität als *Grundwasserleiter* bezeichnet, da diese Böden (Sand & Kies) eine hohe Leitfähigkeit und ein gutes Speichervermögen von Wasser besitzen (DYCK, S. & G. PESCHKE 1995:320). Grundwasserleiter oder Aquifere werden nach ihrer Festigkeit und Hohlräumen unterteil. Der Lockergestein-Aquifer besitzt keine Klüfte oder Trennfugen und das Wasser zirkuliert in den Poren, daher wird dieser auch Porengrundwasserleiter genannt. Dieser Grundwasserleiter kann viel Wasser speichern und gibt dieses nur langsam an den Vorfluter ab. Die zweite Form ist der Festgestein-Aquifer, der durch Klüfte und Trennfugen charakterisiert ist und wenig Wasser speichern kann und das Wasser schnell dem Vorfluter zuführt. Es findet eine Unterteilung des Festgesteins-Aquifer in nichtverkarstungsfähige und verkarstungsfähige Gesteine (Karstgrundwasserleiter) wie Sulfatgestein oder Karbonatgestein statt. In diesem Aquifer zirkuliert das Wasser in Klüften, Trennfugen und an Trennflächen (BAUMGARTNER, A.& H.-J. LIEBSCHER 1990:409 ff.).

Gesteine die als *Grundwasserstauer* bezeichnet werden, lassen Wasser nur sehr geringfügig durchsickern, wenn ihre Mächtigkeit und Lagerungsbeständigkeit gering ausfällt. Die weitaus weniger vorhanden vollständigen Grundwasserstauer wie Rupelton, stauen das Wasser auf Grund ihrer großen Mächtigkeit zu 100%. Wenn im Boden Grundwasserleiter durch Grundwasserstauer getrennt sind und diese übereinander liegen und Grundwasser enthalten, wird auch von *Grundwasserstockwerken* gesprochen. Befindet sich ein höheres, isoliertes Grundwasserstockwerk über der durchgängigen Grundwasseroberfläche, spricht man von schwebenden Grundwasser (MARCINEK, J. & E. ROSENKRANZ 1996:249 f.).

Abb. 7 Geohydrologische Begriffe (MARCINEK, J. & E. ROSENKRANZ 1996:249)

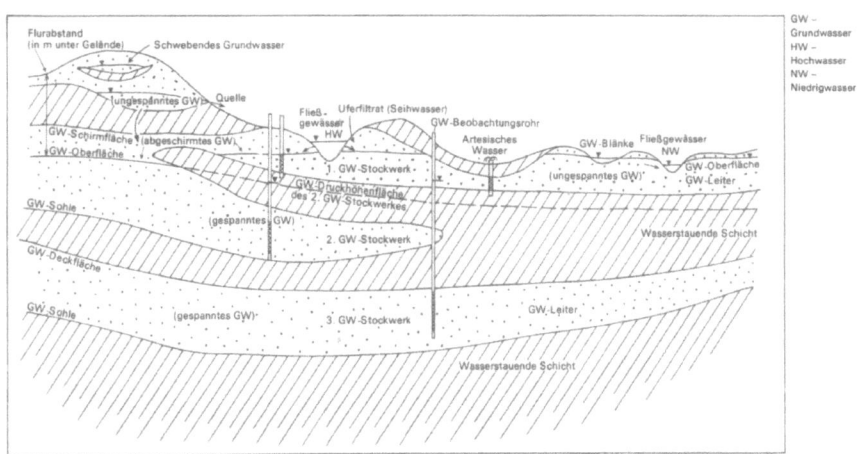

5.2 ungespanntes und gespanntes Grundwasser

Kann der Grundwasserspiegel auf Veränderungen des atmosphärischen Druck (Luftdruck) reagieren, spricht man vom *ungespannten oder freien Grundwasser*. Somit ist der Wasserdruck gleich dem Atmosphärendruck, da das Wasser durch Poren oder Klüfte im Gestein im direktem vertikalem Kontakt mit der Atmosphäre steht.

Das *gespannte Grundwasser* wird an seinem Aufstieg durch undurchlässige oder schlecht durchlässige Schichten gehindert. Der Grundwasserleiter füllt sich mit Wasser bis zur Deckfläche und Druck baut sich auf. Somit ist der Wasserdruck an der Deckfläche höher als der Luftdruck und beim Anbohren, von gespannten Grundwasser, steigt das Wasser im Standrohr über die obere Begrenzung des Aquifers im Rohr auf. Deshalb wird solch ein

Grundwasserspiegel auch als Druckspiegel bezeichnet (BAUMGARTNER, A.& H.-J. LIEBSCHER 1990:406 ff.).

„Ein „Sonderfall" des gespannten Grundwassers ist das artesische Wasser, dass sobald es auf natürlichem oder künstlich geschaffenem Wege an die Erdoberfläche gelangen kann, ständig oder zeitweilig unter Druck austritt" (MARCINEK, J. & E. ROSENKRANZ 1996:250).

6 Faktoren der Grundwasserneubildung

Mehrere hydrologische Komponente und Einflussfaktoren tragen zur Neubildung von Grundwasser bei. Der Hauptteil geschieht durch die *Versickerung oder Infiltration von Niederschlag*, jedoch ist es nur Teil der Gesamtsummen die vom Niederschlag die Grundwasseroberfläche erreicht, denn der andere Teil fließt oberirdisch ab oder verdunstet. Je durchlässiger und weniger wassererfüllt die oberste Bodenschicht ist, um so größer ist die Versickerungsmenge. Jedoch muss die Feldkapazität überschritten werden, damit eine Versickerung bis zur Grundwasseroberfläche stattfinden kann. Neben der Bodenbeschaffenheit ist auch Art, Dauer und Intensität des Niederschlages von Bedeutung. Bei Dauerregen ist der Boden nach einiger Zeit gesättigt und nimmt daher weniger Niederschlag auf, ähnlich wie trockener Boden der nach kurzer Zeit aufquillt und wasserundurchlässig ist. Bei versiegelten Flächen oder Starkregen kommt es auf Grund der Bodenversiegelung bzw. Verdichtung auch zu einer geringen Niederschlagsversickerung. Bei nicht gefrorenem Boden und langsamen Tauvorgängen kommt es zu großflächigen und starken Versickerungen des Niederschlages in den Untergrund.

Die *Infiltration aus Oberflächengewässern* stellt auch einen nicht zu vernachlässigen Faktor bei der Grundwasserneubildung dar. Sobald der Wasserspiegel des stehenden oder fließenden Gewässer höher liegt als die Grundwasserspiegel kommt es zur Uferinfiltration auf Grund des Druckgefälles. Die geschieht vor allem bei Hochwasser, doch bei Gewässerverschmutzung kann es durch die Inhaltsstoffe zu einer Verschlammung des Gewässerbettes führen und somit zu einem Stop der Grundwasserneubildung.

Das Wasser in der gesättigten Zone wird teilweise auch durch *Kondensation des Wasserdampfes* im Boden gespeist. Dieser Faktor hat aber nur eine untergeordnete Rolle und tritt häufig in semiariden Gebieten auf, wo große Temperaturschwankungen zwischen Tag und Nacht herrschen. Im humiden Klimabereich spielt diese Art der Grundwasserneubildung nur eine geringe Rolle.

Die Grundwasserneubildung kann außerdem durch den *Aufstieg von juvenilen Wassers* erfolgen. Das aufsteigende Wasser verbindet sich mit dem aus dem Niederschlag entstehenden Wasser im Boden, jedoch macht diese Wassermenge einen äußerst geringen Teil bei der Grundwasserneubildung aus.

Bei der *künstlichen Infiltration*, findet eine künstliche Anreicherung des Grundwassers statt. Dies geschieht um landwirtschaftliche Erträge zu steigern, Wasserversorgung von Städten zu sichern, Abwasserbeseitigung und zur Verhinderung des Eindringens von Salzwasser. Oft ist diese Form die einzigste Möglichkeit wieder einen Ausgleich zu zuvor entnommenen

Grundwasser zuschaffen und die natürliche Grundwasservorräte zu ergänzen um den Wasserbedarf zu decken (MARCINEK, J. & E. ROSENKRANZ 1996:244 ff.).

Ein sehr wichtiger Faktor der die Grundwasserneubildung bestimmt ist die *Evapotranspiration*.

Denn je nach Flurabstand („lotrechter Abstand zwischen einem Punkt der Erdoberfläche und der Grundwasseroberfläche des ersten Grundwasserstockwerks") (SCHÖNIGER, M. & J. DIETRICH 2001:o.s.) kommt es zu einem stärken oder schwächeren Entzug des Bodenwassers durch Evapotranspiration (kapillarer Aufstieg). Vor allem in der Vegetationsperiode ist die Evapotranspiration größer als der Niederschlag, daher kommt es auch zu geringen bis gar keiner Grundwasserneubildung. Die Evapotranspiration ist außerdem sehr stark von der Vegetation und der Bodennutzung abhängig. Unter Ackerfläche ist sie am größten und nimmt mit Bewuchs ab und unter Wald ist sie schließlich am geringsten, außer der Wald steht auf einem sandigen Boden, denn da können sehr große Grundwasserneubildungsraten erreicht werden (DYCK, S. & G. PESCHKE 1995:326). So führen Böden wie Löß oder Ton mit einer geringen Porengröße zu einer sehr geringen Grundwasserneubildung. Im Gegensatz sind es hohe Neubildungsraten bei aufgelockerten und geklüfteten Böden und Felsen. „Die Grundwasserneubildung schwankt aber auch jahreszeitlich sehr stark (hohe Werte im Winterhalbjahr, geringe oder ausbleibende Grundwasserneubildung im Sommer und Herbst) und wird durch längere Naß –oder Trockenwetterperioden beeinflußt" (BAUMGARTNER, A.& H.-J. LIEBSCHER 1990:412).

Abb. 8 Abhängigkeit der Evapotranspiration ET von der Korngröße der Böden, vom Flurabstand des Grundwassers (grundwassernah < 0,8m) und von der Vegetation nach Lysimetermessungen in Mitteleuropa (nach Dörhöfer & Josopait 1980, etwas geändert). T = Ton; L,1 = Lehm, lehmig; Lo = Löß; S,s = Sand, sandig (BAUMGARTNER, A.& H.-J. LIEBSCHER 1990:413)

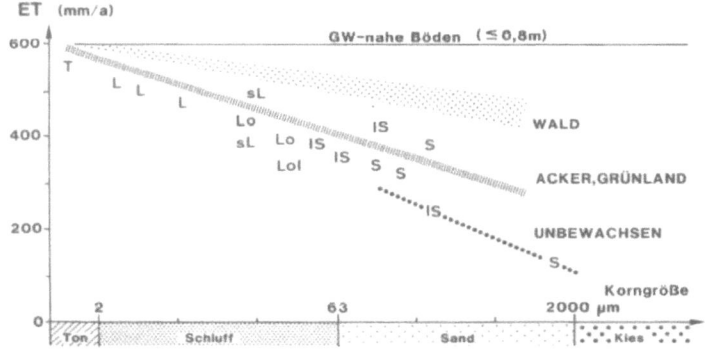

Weiterhin ist die Grundwasserneubildung bei gleichem Klima vom Wassergehalt und Wasserspannung und der Durchlässigkeit abhängig. Die Hangneigung ist auch nicht zu unterschätzen, denn bei einem geneigtem Hang kommt es eher zu oberirdischen Abfluss oder zu Interflow als bei einer ebenen Fläche (KLEEBERG, H.-B. 1992:277 ff.).

7 Grundwasserbewegung

„Die Grundwasserbewegung ist nur möglich, wenn auch zusammenhängende Hohlräume vorhanden sind. In einem Gebiet, das keine Hohlräume enthält, kann sich kein Grundwasser bewegen" (HÖLTING , B. 1980:67).

Die Ermittlung der Grundwasserströmung ist schwierig, weil die abfließende Grundwassermenge nur schwer zu bestimmen ist. Außerdem stellt die klare Unterscheidung zwischen unterirdischen Wasserläufen und Grundwasserströmungen ein Problem dar (GIESSLER, A. 1957:87).Das Grundwasser fließt den geringsten Widerstand nutzend von einem höher gelegenen Teil in einen tieferen Bereich des Grundwasserleiters. Einfluss auf die Strömungsrichtung und – geschwindigkeit haben die Lage und die Neigung des Aquifers und das Gefälle der Grundwasseroberfläche. Am Ende nimmt das Grundwasser wieder am oberirdischen Wasserkreislauf teil, es tritt an Quellen, Brunnen und Vorflutern allgemein wieder an das Tageslicht.

Die Wasserführung in den unterirdischen Hohlräumen, Röhren schwankt sehr stark. Bei Starkregen, langanhaltenden Niederschlägen und während der Schneeschmelze füllen sich die Hohlräume fast vollständig mit Wasser. Es kommt zum Anstieg des Wassers in den aufsteigenden Hohlraumabschnitten und bei einer Verbindung zur Erdoberfläche, zum plötzlichen Auftreten von Quellen , die nach dem Ende der Ereignisse wieder versiegen (MARCINEK, J. & E. ROSENKRANZ 1996:242).

7.1 Dynamik des Grundwassers & das Darcy Gesetz

„Die Dynamik (Bewegung) des Grundwassers wird ausschließlich oder nahezu ausschließlich von der Schwerkraft und den durch die Bewegung selbst ausgelösten Reibungskräfte bestimmt (DIN 4049, Teil 1)" (HÖLTING, B. 1980:67). Die Strömungsgeschwindigkeit des Grundwassers ist äußerst gering und nur in selten Fällen befindet sich das Grundwasser in völliger Ruhe. Wenn sich das Wasser durch die Hohlräume im Gestein bewegt trifft es auf Widerstand. Je kleiner die Zwischenräume(Poren) sind umso geringer ist auch die Durchflussmenge bzw. die Fließgeschwindigkeit des Grundwassers (v) pro Zeiteinheit. Als Folge wölbt sich die Grundwasseroberfläche auf, da die Grundwasserneubildung größer ist als die *Grundwasserzehrung*. Bei künstlicher Entnahme (Brunnen) oder dem Überwiegen der Grundwasserzehrung bei oberflächennahem Grundwasser kommt es zu einem *Absenkungstrichter* (DYCK, S. & G. PESCHKE 1995:321).

Die Grundwasserfließgeschwindigkeit wird in m/s angegeben und ist abhängig von der Durchlässigkeit des Grundwasserleiters. Dieser Durchlässigkeitswert (k_f) oder Filtrationskoeffizient, Bodenkonstante, Durchlässigkeitsziffer oder Reibungswert ist Abhängig von der Eigenschaft des Lockersedimentes(Anzahl, Größe &Größenverteilung der Poren) und der Temperatur und Viskosität des Wassers.

Abb.9 Durchlässigkeitsbeiwerte für unterschiedliche poröse Medien (HOLZBECHER, E. 1996:36)

Gesteinstyp	Durchlässigkeit [m/s]	Permeabilität [m²]	Permeabilität [Darcy]
Kies	$>10^{-2}$	$>10^{-9}$	>10000
Kiessand	$10^{-3} - 10^{-2}$	$10^{-10} - 10^{-9}$	$1000 - 10000$
Grobsand	$10^{-4} - 10^{-3}$	$10^{-11} - 10^{-10}$	$10 - 100$
Feinsand	$10^{-6} - 10^{-4}$	$10^{-13} - 10^{-11}$	$10^{-1} - 10$
sandiger Ton	$10^{-9} - 10^{-8}$	$10^{-16} - 10^{-15}$	$10^{-4} - 10^{-3}$
Ton	$<10^{-9}$	$<10^{-17}$	$<10^{-5}$

In der Natur gibt es jedoch verschiedenste Mischungen von Korngrößen und ein sehr differenziertes Bild des Porenvolumen. Die Bestimmung des k-Wertes in der Natur ist auf Grund des raschen Wechsel der Verhältnisse im Boden auf kürzester Entfernung schwierig (KELLER, R. 1980:55).

Die *Fließgeschwindigkeit* ist abhängig vom Durchlässigkeitswertes (k-Wert) und dem Gefälle (I = h/l). Diese Gesetzmäßigkeit in einer Formel ist das *Darcy-Gesetz* (MARCINEK, J. & E. ROSENKRANZ 1996:252)

$$V = k_f \bullet I$$

Durch das Darcy-Gesetz lässt sich der unterirdische Durchfluss pro Zeiteinheit berechnen:

$$Q = k_f \bullet I \bullet F \quad (l/s \text{ oder } m^3/s)$$

Q   - Durchfluss

K_f - Durchlässigkeitsbeiwert

I   - h/l Grundwassergefälle

F   - Durchflussfläche senkrecht zur Fließrichtung des Grundwasser(MARCINEK, J. & E. ROSENKRANZ)

7.2 jährliche Schwankungen des Grundwassers

Das Grundwasser und der *langfristiger Basisabfluss* unterliegen jahreszeitlichen Schwankungen. Der langfristiger Basisabfluss als kontinuierliche fließende Abflusskomponente(Grundwasserabfluss) entspricht dem minimalen Grundwasserangebot. Die Grundwasseroberfläche steigt und sinkt als Folge von Grundwasserzufluss und – abfluss, Kapillaraufstieg und Grundwasserneubildung und anthropogenen Einflüssen (DYCK, S. & G. PESCHKE 1995:214ff).

Allgemein kommt es in den Monaten Januar und Februar zu einem geringen Anstieg des Grundwasserspiegels durch Grundwasserneubildung(Versickerung von Niederschlag). Durch die Schneeschmelze im März und April kommt es zum kräftigsten Zugang im Jahr. Im Verlauf der Vegetationsperiode(April-September) überwiegt die Evatranspiration gegenüber dem sommerlichen Starkregen. Die meisten Niederschläge bleiben im Boden „stecken", speisen nur die ungesättigte Zone und es kommt zu keiner Speisung des Grundwassers. Das Minimum des Grundwasserspiegels ist im Oktober erreicht, von da an steigt er wieder an (HARTGE, K.-H. & R. HORN 1999:168f.).

Der Grundwasserspiegel von ungespannten Grundwasser unterliegt größeren Schwankungen als der von gespannten Grundwasser. Bei ungespannten Wasserspiegeln von Kluft- und Karstwässern gibt es eine größere Amplitude der Lageveränderung als bei Grundwasserspiegeln im porösen Gestein (MARCINEK, J. & E. ROSENKRANZ 1996:253).

Abb. 10 Typische sommerliche Durchflussrückgangsperiode in einem Einzugsgebiet des Mittelgebirges [64]   (DYCK, S. & G. PESCHKE 1995:214)

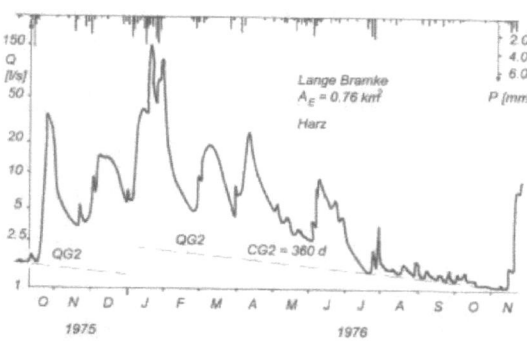

7.3 Retention- Rückhaltevermögen

Retentionsvermögen (Rückhaltevermögen) eines Aquifers ist der Ausdruck der unterirdischen Speicherkapazität von Infiltraten und ein wichtiges Charakteristikum von Aquiferen. Durch das Retentionsvermögen, kommt es zu einer Verzögerung zwischen dem Niederschlagsereignis (input) zum Grundwasserleiter und Abgabe (output) als Abfluss im Vorfluter (Quellen). Grundwasserleiter mit gutem Retentionsvermögen geben stark verzögert den input ab und haben ein gutes Speichervermögen. Beim umgekehrten Fall kommt es zu einem raschen Durchfluss bei einer schlechten Speicherfähigkeit im Grundwasserleiter (Karstaquifer) (JORDAN, H. & H.-J. WEDER 1995:34).

7.4 Grundwasserzehrung

Außer im Sonderfall, dass unterirdisches Wasser in größere Tiefen versickert und dort über lange Zeiträume stagniert (fossiles Wasser), kommt es zur Zehrung des unterirdischen Wassers. Ein großer Teil tritt zutage als *Quellen,* die bis zu 200 unterschiedliche Namen tragen.. Grob kann man sie in *absteigende Quellen*(Grundwasser bewegt sich Gefälle abwärts zur Quelle) und *aufsteigenden Quellen* (Grundwasser muss vor Austritt sich aufwärts bewegen) unterteilen. Ein anderer Teil des Grundwasser geht durch *Evapotranspiration* verloren, die sehr abhängig von der Bepflanzung und Bodenutzung ist. Diese Form der Grundwasserzehrung erfolgt, wenn der Grundwasserspiegel sehr nah an der Erdoberfläche ist.. Besonders in der Vegetationsperiode tritt diese Form der Zehrung verstärkt auf, da die Pflanzenwurzeln weit in den Untergrund (Kapillarwasserbereich) reichen. In Niederschlagsgebieten und Uferzone (Seen) wo der Grundwasserspiegel knapp unter der Erdoberfläche ist, übersteigt die Zehrung durch Evapotranspiration meist die mittlere jährliche Summer der Grundwasserneubildung. Solche Gebiete werden auch als *Zehrflächen* bezeichnet. Eine Grundwasserzehrung erfolgt auch durch *anthropogene Einflüsse,* wie die Entnahme von Grundwasser aus Brunnen (MARCINEK, J. & E. ROSENKRANZ 1996:247). Außerdem kann eine Zehrung des Grundwassers durch *kapillaren Aufstieg* erfolgen. Durch Saugkraft wird das Wasser in die ungesättigte Zone verlagert (KRAUSE, P. 2000:101).

8 Vorfluter und die Abflussarten

Nach einem Niederschlagsereignis oder mit einsetzender Schneeschmelze wird das Wasser durch Fließvorgänge an der Erdoberfläche oder im Erdboden zum nächsten Vorfluter geleitet (BAUMGARTNER, A.& H.-J. LIEBSCHER 1990:478). Auch im Bodenwasserhaushalt herrscht in bestimmten Gebieten und zu bestimmten Zeitpunkten Wasserüberschuss, der schließlich als Abfluss zum nächsten Vorfluter (Bach, Fluss, See, Meer) weggeführt wird (STRAHLER, A. & A. STRAHLER 1999:345). Der Abfluss wieder in 3 verschiedene Formen unterteilt, in den *Oberflächenabfluss,* den Zwischenabfluss oder Interflow und in den Grundwasserabfluss oder Basisabfluss. Die erste Form kommt z.B. nach einem Starkregenereignis zu Stande, wenn die

Infiltrationsrate des Bodens überschritten ist und das Wasser der Schwerkraft folgend auf der Bodenoberfläche zum nächsten Vorfluter fließt (BAUMGARTNER, A.& H.-J. LIEBSCHER 1990:478). Der *Zwischenabfluss* entsteht, wenn infiltriertes Wasser auf weniger durchlässiger Schichten trifft und in den A-Horizont zurück gestaut wird. Dann beginnt das Wasser sich im Boden parallel zur Oberfläche hangabwärts zu bewegen, bis zum Hangfuß wo es z.b. in ein Bachbett sickert (STRAHLER, A. & A. STRAHLER 1999:346). Das langsame Heraussickern aus dem Grundwasser in das Gerinnebett (Fluss, Bach), wird *Grundwasserabfluss* genannt (STRAHLER, A. & A. STRAHLER 1999:351). Um die Beziehung zwischen den Niederschlagsereignissen und dem Abflussverhalten der Gewässer darzustellen, dient die Abflussganglinie oder einfach Ganglinie (STRAHLER, A. & A. STRAHLER 1999:350). Zur Darstellung der verschiedenen Abflusstypen dient Abbildung 7.

Abb.11 Zusammensetzung einer Abflussganglinie aus ihren Komponenten Landoberflächenabfluß, Zwischenabfluß und Grundwasserabfluß. Die Uferspeicherung ist vernachlässigt. (BAUMGARTNER, A.& H.-J. LIEBSCHER 1990:481)

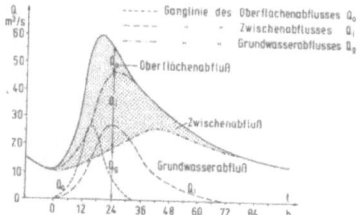

9 Die Abflussarten und ihre Bedeutung für das Gerinne

Der Wassergehalt im Vorfluter ändert ständig und die Wassergehaltsänderung im Vorfluter nach einer Periode mit starken Niederschlägen ist zeitlich verzögert. Die Abflussarten spielen eine bedeutende Roller bei der Konzentration des Abflusses im Vorfluter (STRAHLER, A. & A. STRAHLER 1999:350). Je nach Abflussart kommt es zu einer unterschiedlichen Verzögerung bis das Wasser sich im Gerinne konzentriert. Der Oberflächenabfluss „setzt mit dem Niederschlagsereignis ein und klingt ebenso schnell nach dem Niederschlagsereignis ab" (BAUMGARTNER, A.& H.-J. LIEBSCHER 1990:478). Mit einer Verzögerung von wenigen Stunden gelangt das Wasser des Oberflächenabflusses in den Vorfluter. Beim Zwischenabfluss ist die zeitliche Verzögerung mit der das Wasser im Vorfluter ankommt schon bedeutend größer als beim Oberflächenabfluss und der Scheitel dieser Abflussform wird erst nach 1-2 Tagen erreicht und klingt auch viel allmählicher ab (BAUMGARTNER, A.& H.-J. LIEBSCHER 1990:478). Die Bewegung des Wassers im Grundwasserkörper und die damit verbundene Fließzeit, ist sehr langsam und deutlich länger als die des Zwischenabflusses. Der Anstieg des Grundwasserabflusses ist sehr flach, erreicht auch nicht so einen hohen Scheitel wie der Oberflächenabfluss (vergleiche dazu Abb. 11) und tritt zeitlich stark verzögert ein (BAUMGARTNER, A.& H.-J. LIEBSCHER 1990:480). „Der Grundwasserabfluss hat von den allen Abflusskomponenten die größte Bedeutung, denn er bestimmt im wesentlichen die Wasserführung eines Fließgewässers in den niederschlagsarmen Zeiten [Sommer]"(BAUMGARTNER, A.& H.-J. LIEBSCHER 1990:480f.). Es kommt dazu, dass das Grundwasser und der Basisabfluss Flussbetten speist. Tritt eine Änderung im Wasserstand des Flusses ein, kommt es zu einer Druckänderung im Grundwasser. Bei einer Senkung des Flusswasserspiegels sinkt auch der Wasserdruck in den durchlässigen Schichten im Boden und durch das Druckgefälle fließt das Grundwasser verstärkt zu dem Fluss. Im anderen Fall, wo der Flusswasserspiegel steigt, steigt auch der Wasserdruck in den durchlässigen Schichten und es kommt dazu, dass das Flusswasser in den Untergrund infiltriert (KOEHNE, W. 1948:95f.). Wie schon in Kapitel 7.2 erklärt, kommt es zu einer Schwankung des Basisabflusses und während der Grundwassererneuerung im Winter und Frühjahr steigt auch der Zufluss zum Gerinne. Die hohen Abflusswerte in den Frühjahrsmonaten in den Ganglinien kann durch das Einsetzen der Schneeschmelze erklärt werden (STRAHLER, A. & A. STRAHLER 1999:352). In Abbildung 12 ist eine Ganglinie für den Chattahoochee River mit seinem Basisabfluss dargestellt.

Abb.12 Hochwasserspitzen des Chattahoochee River (Daten vom US Geological Survey in E.E. Foster, Rainfall and Runoff). (STRAHLER, A. & A. STRAHLER 1999:351)

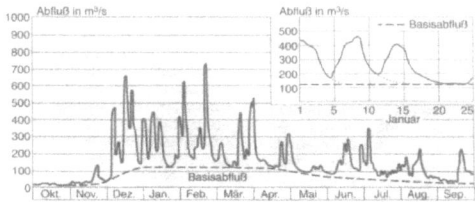

10 Zusammenfassung

Der Bodenwasserhaushalt ist ein sehr komplexes System und alle Fließvorgänge, vor allem im Bereich des Grundwasser sind nicht vollständig messbar. Dieses System unterliegt jahreszeitlichen Schwankungen und bildet einen wichtigen Wasserspeicher für die Vegetation und den Menschen, vor allem in den Sommermonaten.

Die Hauptlast der Wasserversorgung für den Menschen trägt das Grundwasser, welches in den trockeneren Sommermonaten in den mittleren Breiten ein permanentes Fließen der Flusssysteme ermöglicht. Wasser allgemein und vor allem das Grundwasser stellt eine wichtige Ressource da, die vor Verschmutzungen geschützt werden muss.

11 Literaturliste

BAUMGARTNER, A. & H.-J. LIEBSCHER (1990): Allgemeine Hydrologie. Quantitative Hydrologie. Berlin, Stuttgart.

DYCK, S. & G. PESCHKE (1995[3]): Grundlagen der Hydrologie. Berlin.

GIESSLER, A. (1957): Das Unterirdische Wasser. Berlin.

HARTGE, K.-H. & R. HORN (1999[3]): Einführung in die Bodenphysik. Stuttgart.

HOLZBECHER, E. (1996): Modellierung dynamischer Prozesse in der Hydrologie. Grundwasser und ungesättigte Zone. Eine Einführung. Berlin, Heidelberg, New York Barcelona, Budapest, Hongkong, London, Mailand, Paris, Santa Clara, Singapur, Tokio.

HÖLTING, B. (1980): Hydrologie. Einführung in die Allgemeine und Angewandte Hydrologie. Stuttgart.

JORDAN, H. & H.-J. WEDER (Hrsg.)(1995[2]): Hydrologie Grundlagen und Methoden. Regionale Hydrologie: Mecklenburg-Vorpommern, Brandenburg und Berlin, Sachsen-Anhalt, Sachsen, Thüringen. Stuttgart.

KELLER, R. (1980): Hydrologie. Darmstadt.

KLEEBERG, H.-B. (Hrsg.)(1992): Regionalisierung in der Hydrologie. Ergebnisse von Rundgesprächen der Deutschen Forschungsgemeinschaft. Weinheim, Basel, Cambridge, New York.

KOEHNE, W. (1948[2]): Grundwasserkunde. Stuttgart.

KUNTZE, H., ROESCHMANN, G. & G. SCHWERDTFEGER (1988[4]): Bodenkunde. Stuttgart.

KRAUSE, P. (2000): Das hydrologische Modellsystem J2000. Beschreibung und Anwendung in Großen Flussgebieten. Umwelt 29, Jülich.

MARCINEK, J. & E. ROSENKRANZ (1996[2]): Das Wasser der Erde. Eine geographische Meeres- und Gewässerkunde. Gotha.

PAREY, P. (1993[3]): Taschenbuch der Wasserwirtschaft. Hamburg.

PLAGGE, R. (1991): Bestimmung der ungesättigten hydraulischen Leitfähigkeit im Boden. In: BORK, H. R. & M. RENGER (Hrsg.): Bodenökologie und Bodengenese. 3. Berlin.

SCHACHTSCHABEL, P.; BLUME, H.; BRÜMMER, G.; HARTGE, K. H. & U. SCHWERTMANN (1989[12]): Lehrbuch der Bodenkunde. Stuttgart.

SCHÖNIGER, M. & J. DIETRICH (2001): Hydrologie. Grundwasser. http://www.hydroskript.de/html/_index.html. Zugriff am 25.01.2003

STRAHLER, A.H & A.N STRAHLER (1999): Physische Geographie. Stuttgart.